'¬'을 알아보아요

※ 'ㄱ(기역)'을 예쁘게 색칠하고, 따라 쓰세요.

기역

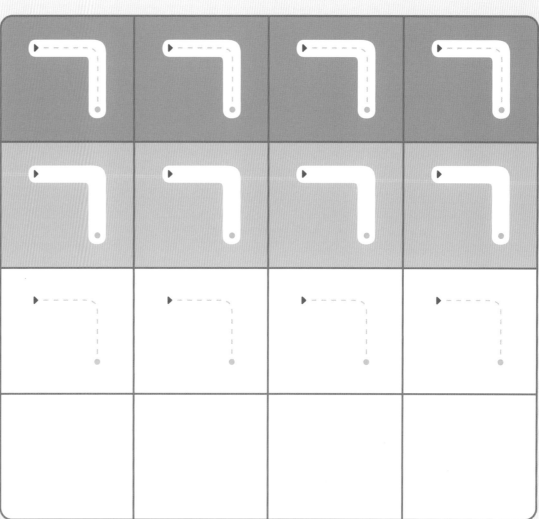

1

'ㄴ'을 알아보아요

✳ 'ㄴ(니은)'을 예쁘게 색칠하고, 따라 쓰세요.

참 잘했어요!

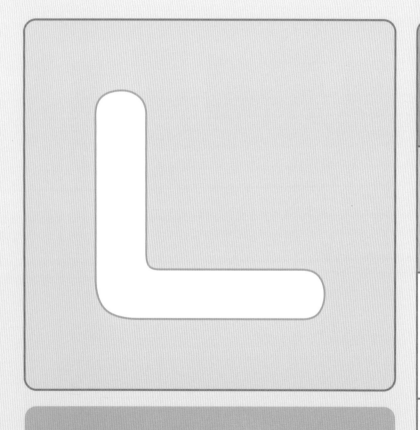

ㄴ

니은

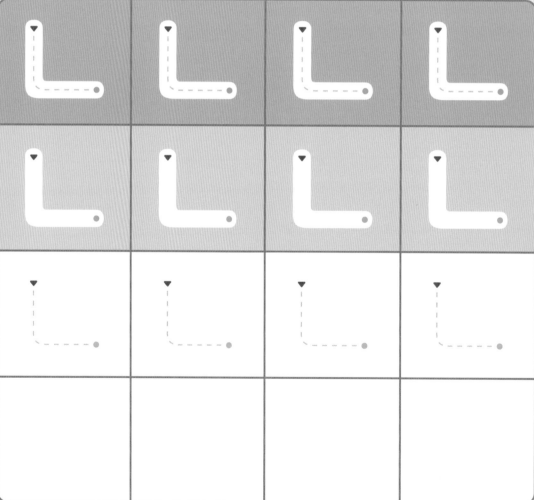

'개, ㄴ' 익히기

❋ 낱말에 공통으로 들어 있는 자음 스티커를 빈 곳에 붙이세요.

참 잘했어요!

가지   가방   가위

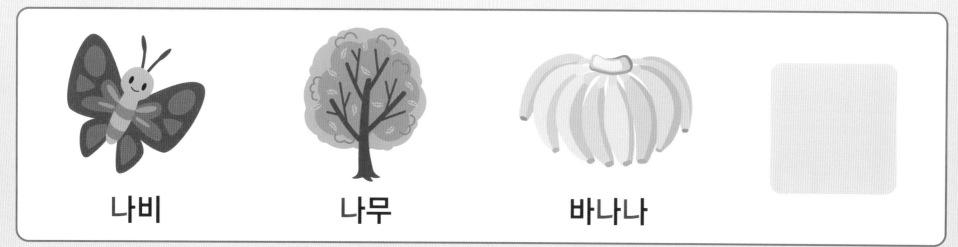

나비   나무   바나나

'ㄷ'을 알아보아요

✳ 'ㄷ(디귿)'을 예쁘게 색칠하고, 따라 쓰세요.

참 잘했어요!

디귿

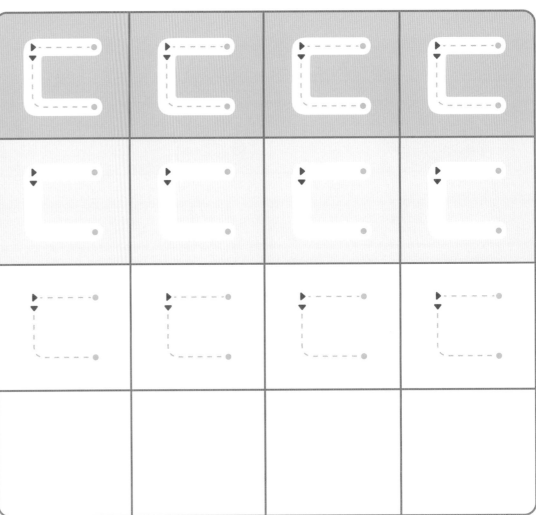

'**ㄹ**'을 알아보아요

✳ 'ㄹ(리을)'을 예쁘게 색칠하고, 따라 쓰세요.

참 잘했어요!

리을

5

'**ㄷ, ㄹ**' 익히기

※ 낱말에 공통으로 들어 있는 글자에 ○ 하세요.

참 잘했어요!

다람쥐 **다리** **도토리**

ㅁ
ㄷ

리본 **라면** **소라**

ㄹ
ㄱ

'ㅁ'을 알아보아요

✳ 'ㅁ(미음)'을 예쁘게 색칠하고, 따라 쓰세요.

참 잘했어요!

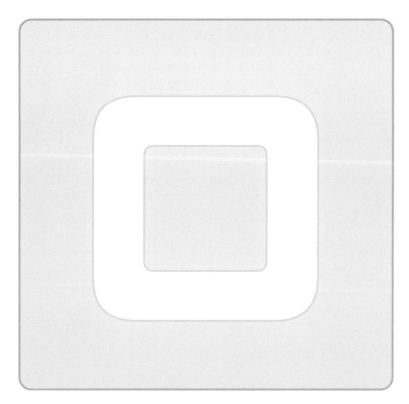

미음

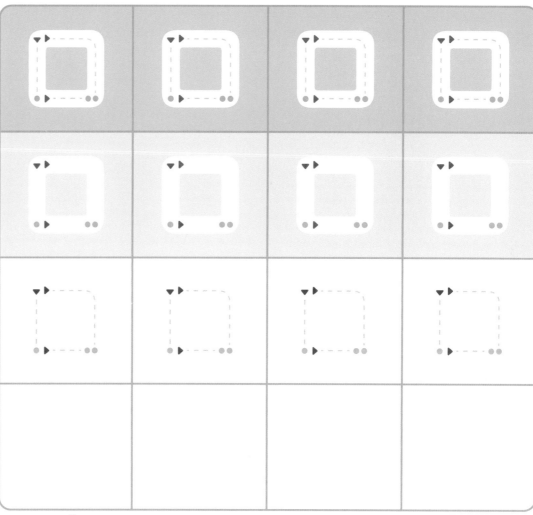

'ㅂ'을 알아보아요

✳ 'ㅂ(비읍)'을 예쁘게 색칠하고, 따라 쓰세요.

참 잘했어요!

비읍

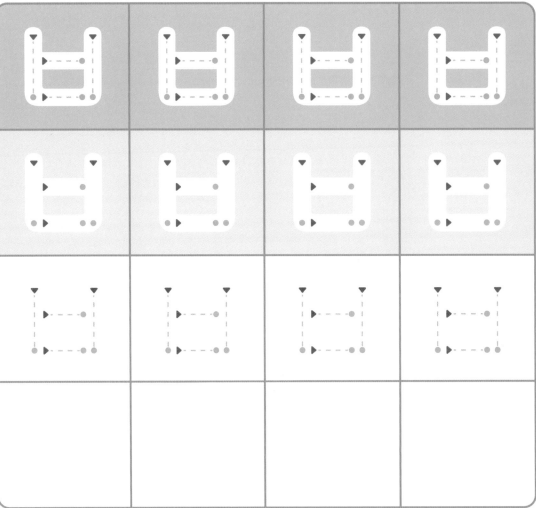

'ㅁ, ㅂ' 익히기

✳ 같은 자음이 들어 있는 것끼리 선으로 이으세요.

참 잘했어요!

마늘

부채

버스

모자

'人'을 알아보아요

✳ '人(시옷)' 을 예쁘게 색칠하고, 따라 쓰세요.

참 잘했어요!

시옷

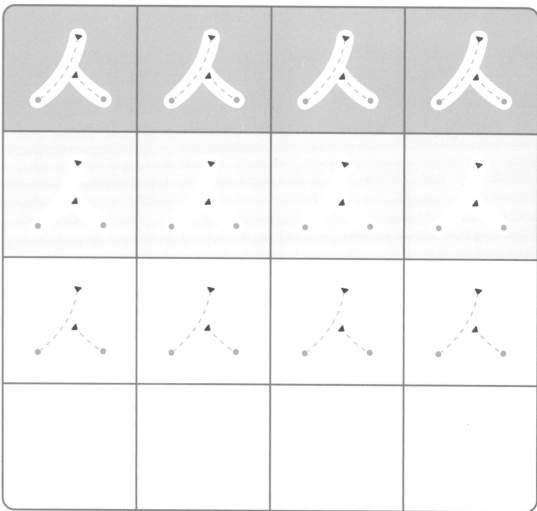

'ㅇ'을 알아보아요

❋ 'ㅇ(이응)'을 예쁘게 색칠하고, 따라 쓰세요.

참 잘했어요!

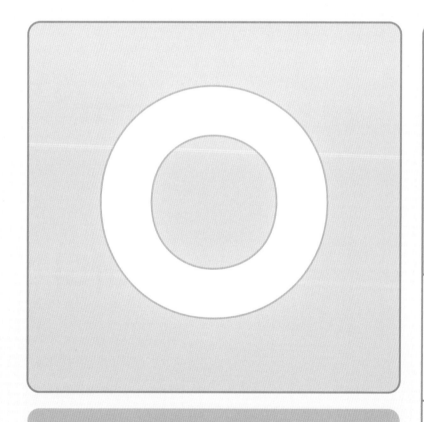

이응

'人, ㅇ' 익히기

✳ 그림의 이름을 찾아 선으로 그으세요.

참 잘했어요!

 •

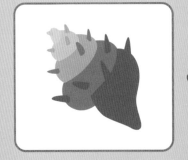 •

 •

• 우유

• 어머니

• 소라

12

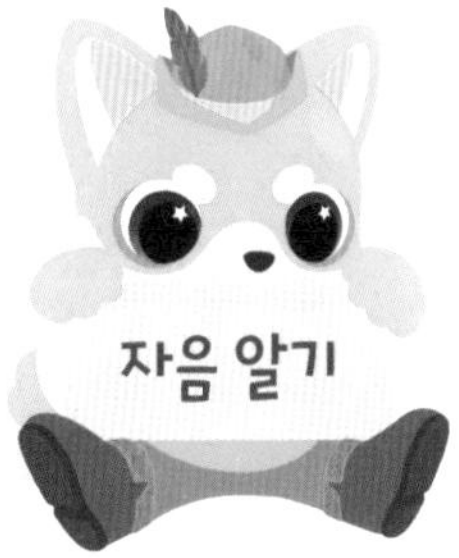

'ㅈ'을 알아보아요

✳ 'ㅈ(지읒)' 을 예쁘게 색칠하고, 따라 쓰세요.

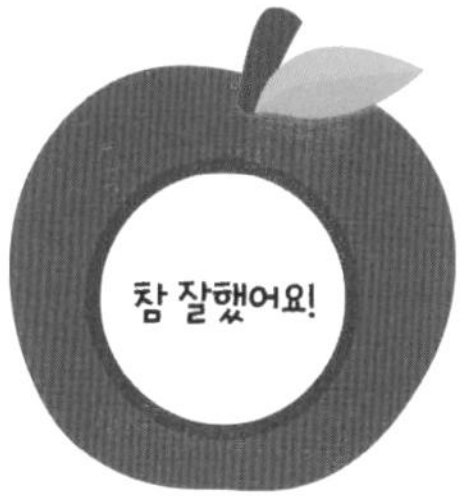

ㅈ

지읒

ㅈ	ㅈ	ㅈ	ㅈ
ㅈ	ㅈ	ㅈ	ㅈ
ㅈ	ㅈ	ㅈ	ㅈ

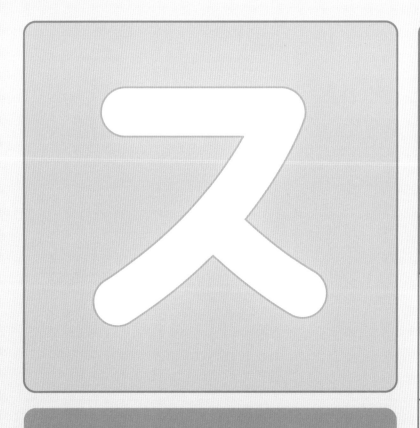

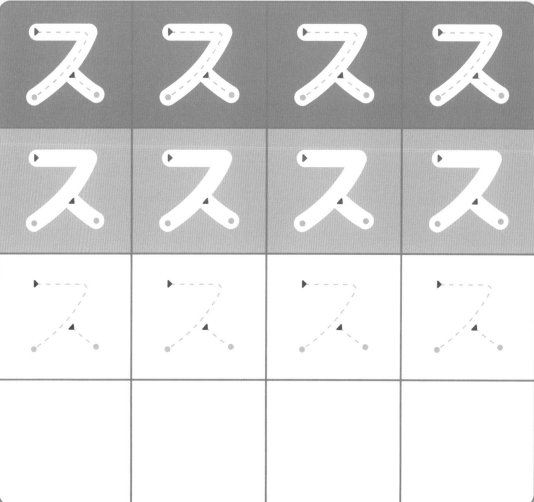

'ㅊ'을 알아보아요

✳ 'ㅊ(치읓)'을 예쁘게 색칠하고, 따라 쓰세요.

참 잘했어요!

치읓

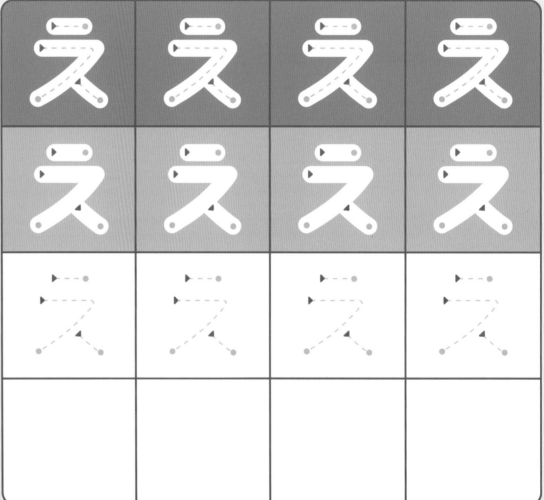

14

'ㅈ, ㅊ' 익히기

참 잘했어요!

✳ 왼쪽과 같은 자음이 이름에 들어간 그림을 찾아 모두 ○ 하세요.

ㅈ

우산

조개

자전거

ㅊ

고추

아이스크림

배추

'{ㅋ}'을 알아보아요

✳ 'ㅋ(키읔)'을 예쁘게 색칠하고, 따라 쓰세요.

참 잘했어요!

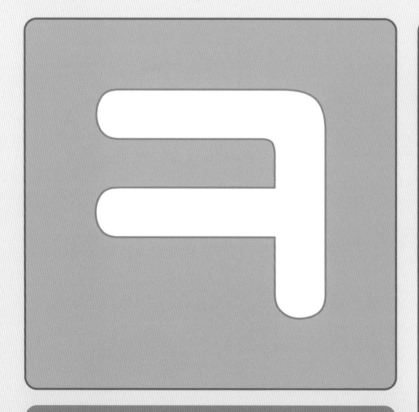

키읔

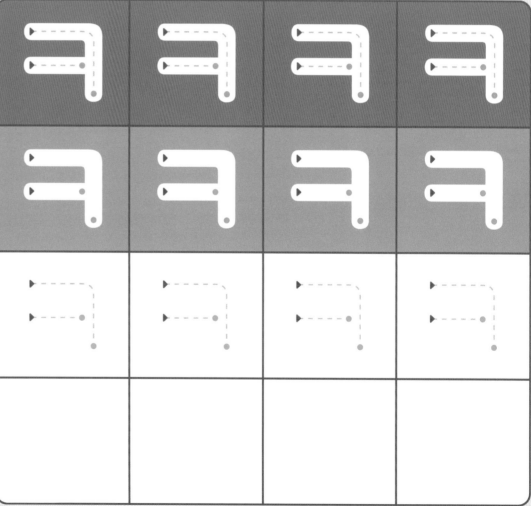

16

'_ㅌ'을 알아보아요

✳ 'ㅌ(티읕)'을 예쁘게 색칠하고, 따라 쓰세요.

참 잘했어요!

티읕

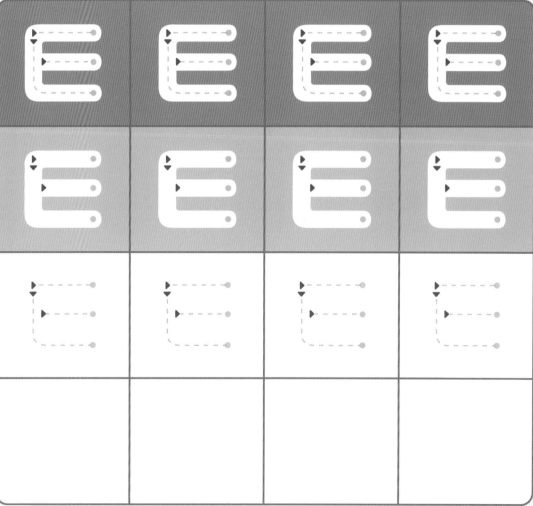

17

'ㅋ, ㅌ' 익히기

※ 낱말에 공통으로 들어 있는 글자 스티커를 붙이세요.

참 잘했어요!

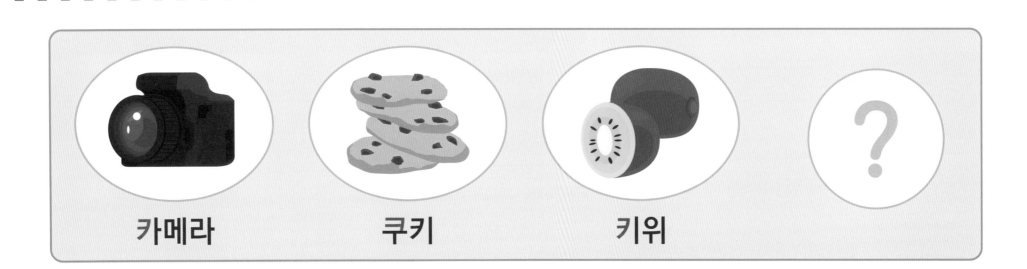

카메라　　　　쿠키　　　　키위

타이어　　　　타조　　　　토마토

18

'ㅍ'을 알아보아요

✳ 'ㅍ(피읖)'을 예쁘게 색칠하고, 따라 쓰세요.

참 잘했어요!

피읖

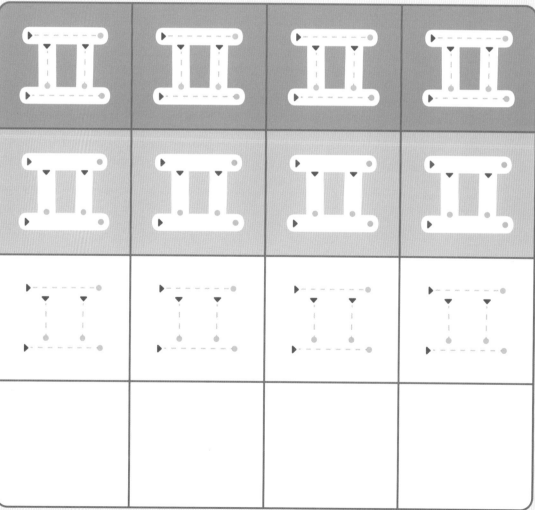

19

'능'을 알아보아요

✽ 'ㅎ(히읗)'을 예쁘게 색칠하고, 따라 쓰세요.

참 잘했어요!

히읗

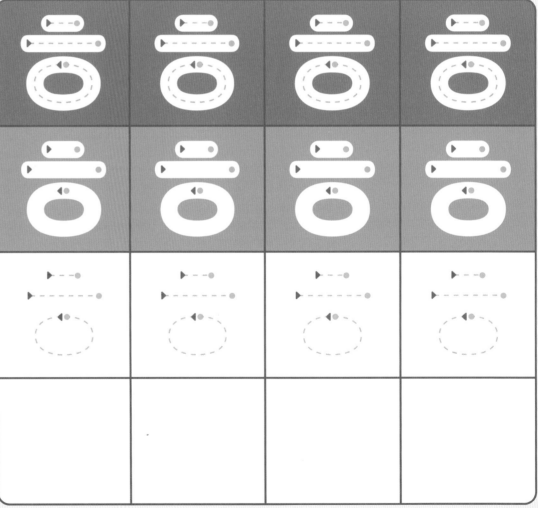

20

'亚, ㅎ' 익히기

✽ 그림의 첫 글자에 들어 있는 자음에 색칠하세요.

참 잘했어요!

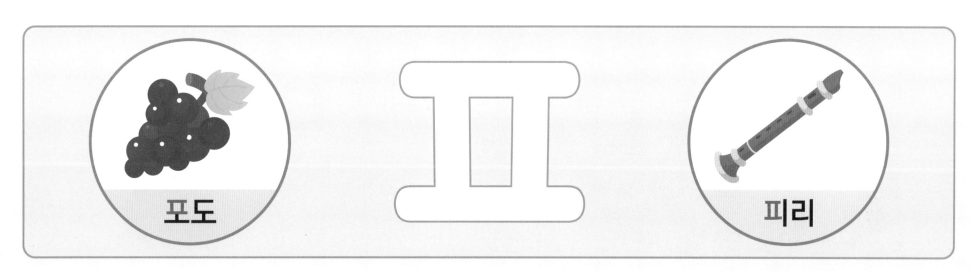

포도

피리

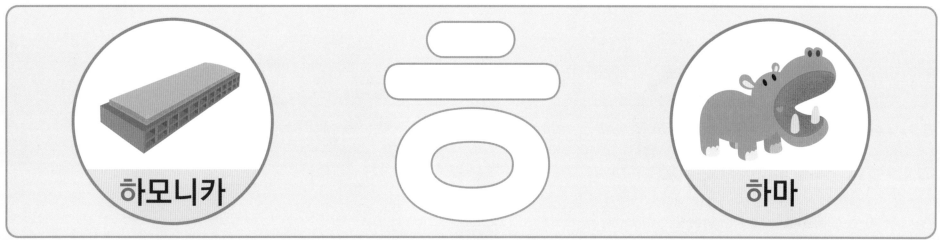

하모니카

하마

21

자음(ㄱ~ㅎ) 익히기

✳ 애벌레에 쓰인 자음(ㄱ~ㅎ)을 읽고, 빈칸에 알맞은 스티커를 붙이세요.

참 잘했어요!

22

'ㅏ'를 알아보아요

참 잘했어요!

※ 낱말을 읽어 보고, 'ㅏ (아)'가 들어 있는 글자에 ○ 하세요.

사과

나비

강아지

ㅏ	ㅏ	ㅏ
ㅏ	ㅏ	ㅏ
ㅏ	ㅏ	ㅏ

'㐅'를 알아보아요

✻ 낱말을 읽어 보고, '㐅 (야)'가 들어 있는 글자에 ○ 하세요.

참 잘했어요!

야자나무

야구

'上, 上' 익히기

✳ 그림의 이름을 찾아 선으로 이으세요.

참 잘했어요!

야구공

나무

'ㅓ'를 알아보아요

※ 낱말을 읽어 보고, 'ㅓ(어)'가 들어 있는 글자에 ○ 하세요.

참 잘했어요!

거위

너구리

버섯

ㅓ	ㅓ	ㅓ

26

'여'를 알아보아요

참 잘했어요!

❋ 낱말을 읽어 보고, 'ㅕ(여)'가 들어 있는 글자에 ○ 하세요.

겨울

비녀

여자

'ㅓ, ㅕ' 익히기

✸ 그림의 이름에 같은 모음이 들어 있는 것끼리 선으로 이으세요.

참 잘했어요!

버섯

겨울

여자

너구리

'노'를 알아보아요

✳ 낱말을 읽어 보고, '노(오)'가 들어 있는 글자에 ○ 하세요.

참 잘했어요!

노을

호루라기

조개

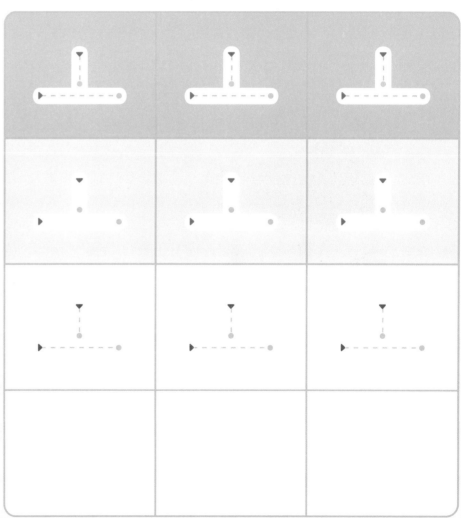

'교'를 알아보아요

참 잘했어요!

※ 낱말을 읽어 보고, '교(요)'가 들어 있는 글자에 ○ 하세요.

요리사

요구르트

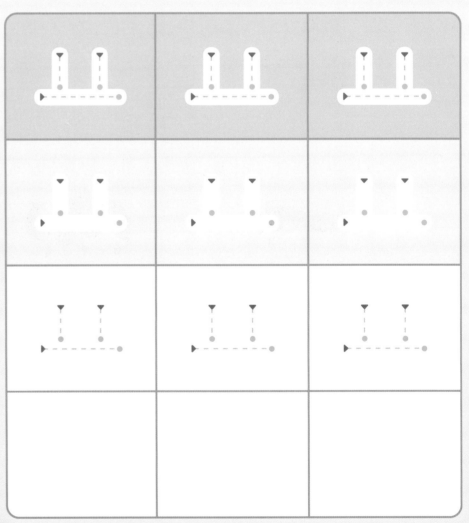

30

'㋧, ㋨' 익히기

✳ 낱말에 공통으로 들어 있는 글자 스티커를 붙이세요.

참 잘했어요!

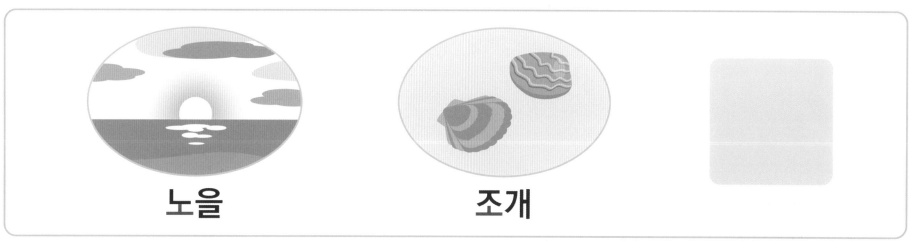

노을　　　조개

요리사　　　요구르트

'━' 를 알아보아요

✳ 낱말을 읽어 보고, 'ㅜ(우)' 가 들어 있는 글자에 ○ 하세요.

참 잘했어요!

우산

구두

주스

32

'㎠'를 알아보아요

* 낱말을 읽어 보고, 'ㅠ(유)'가 들어 있는 글자에 ○ 하세요.

참 잘했어요!

유자차

유리컵

휴지

33

'우, 유' 익히기

* 낱말에 공통으로 들어 있는 모음에 ○ 하고, 글자 스티커를 붙이세요.

참 잘했어요!

| 우산 | 구두 | 주스 | ㅏ ㅜ | |

| 휴지 | 유자차 | 유리컵 | ㅠ ㅣ | |

'─'를 알아보아요

✳ 낱말을 읽어 보고, '─(으)'가 들어 있는 글자에 ○ 하세요.

참 잘했어요!

케이크

포크

드레스

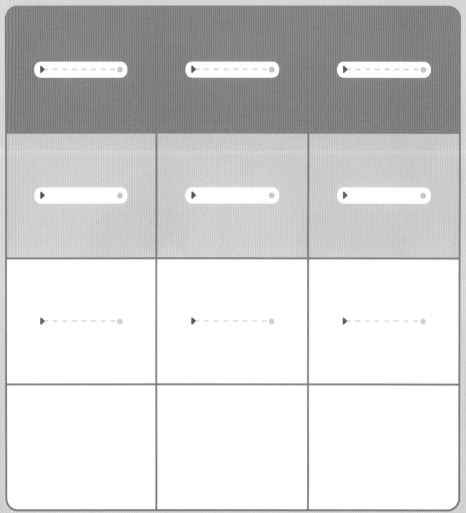

35

'ㅣ'를 알아보아요

참 잘했어요!

※ 낱말을 읽어 보고, 'ㅣ(이)'가 들어 있는 글자에 ○ 하세요.

피아노

피리

기타

'一, ㅣ' 익히기

모음 알기

✳ 글자에 들어 있는 모음에 색칠하세요.

참 잘했어요!

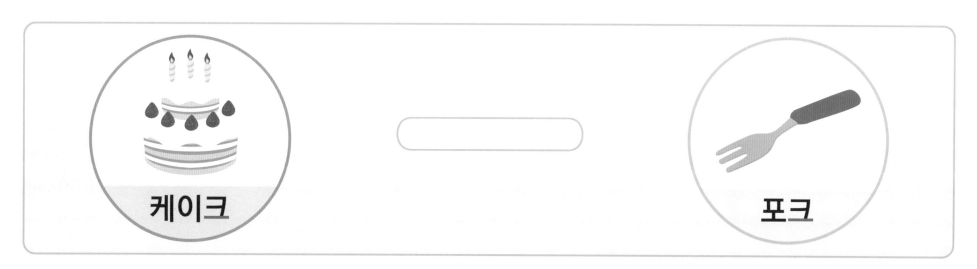

케이크

포크

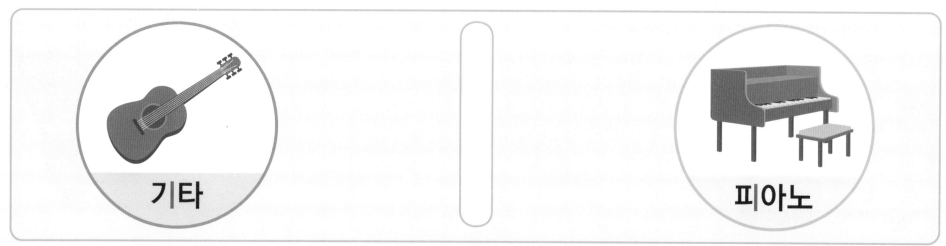

기타

피아노

모음 익히기

❋ 나비가 보물을 찾으러 가고 있어요. 'ㅏ ~ ㅣ'를 순서대로 따라 가며 모음 스티커를 붙이세요.

참 잘했어요!

ㅏ ㅑ ㅓ

ㅕ ㅣ

ㅛ ㅗ

ㅑ

ㅜ

ㅡ ㅣ

ㅏ ㅠ

'가~하'를 알아보아요

✳ 배추에 쓰인 글자를 읽고 , 흐린 글자 위에 스티커를 붙이세요.

참 잘했어요!

39

'가'는 어떻게 쓸까요?

✽ '가'를 따라 쓰고, 그림을 보고 이름을 말해 보세요.

참 잘했어요!

가지

가수

가마

가구

40

'나'는 어떻게 쓸까요?

✳ '나'를 따라 쓰고, 그림을 보고 이름을 말해 보세요.

참 잘했어요!

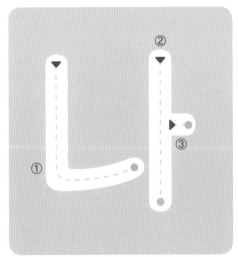

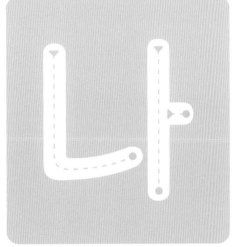

나무

나비

나루터

나사

41

'다'는 어떻게 쓸까요?

✳ '다'를 따라 쓰고, 그림을 보고 이름을 말해 보세요.

참 잘했어요!

다

다

다

다

다 리

다 람 쥐

다 리 미

다 슬 기

42

'라'는 어떻게 쓸까요?

✳ '라' 를 따라 쓰고, 빈칸에 알맞은 스티커를 붙이세요.

참 잘했어요!

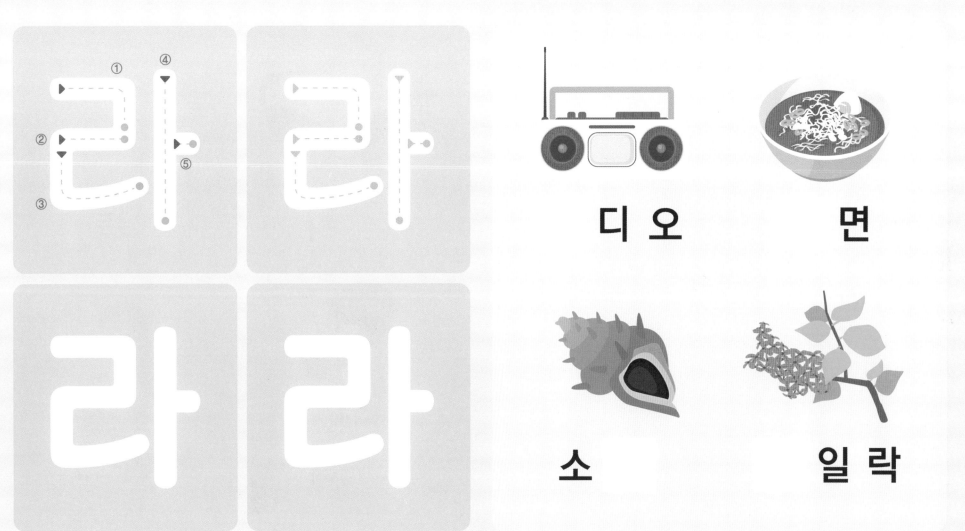

디 오

면

소

일 락

43

'마'는 어떻게 쓸까요?

✱ '마'를 따라 쓰고, 빈칸에 알맞은 스티커를 붙이세요.

참 잘했어요!

마

마

마

마

☐ 차

☐ 늘

☐ 술

☐ 이 크

44

‘바’는 어떻게 쓸까요?

✳ ‘바’를 따라 쓰고, 빈칸에 알맞은 스티커를 붙이세요.

참 잘했어요!

바 바

바 바

☐ 구 니

☐ 다

☐ 위

☐ 나 나

45

'사'는 어떻게 쓸까요?

✳ '사'를 따라 쓰고, 그림을 보고 이름을 말해 보세요.

참 잘했어요!

사과

사다리

사슴

사자

46

'아'는 어떻게 쓸까요?

✽ '아'를 따라 쓰고, 그림을 보고 이름을 말해 보세요.

참 잘했어요!

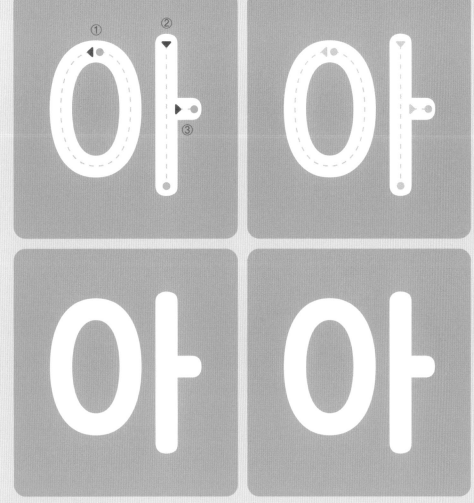

아이스크림

피아노

아기

아빠

47

'자'는 어떻게 쓸까요?

✳ '자'를 따라 쓰고, 그림을 보고 이름을 말해 보세요.

참 잘했어요!

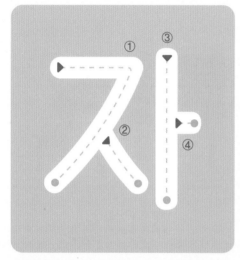

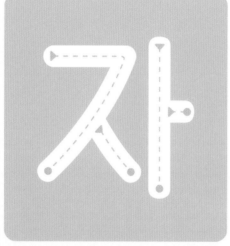

자동차　　**자두**

자전거　　**모자**

48

'차'는 어떻게 쓸까요?

※ '차' 를 따라 쓰고, 어울리는 그림끼리 줄로 이으세요.

참 잘했어요!

차

차

차

차

소방관

경찰차

경찰관

구급차

의사

소방차

49

'카'는 어떻게 쓸까요?

✳ '카' 를 따라 쓰고, 빈칸에 알맞은 스티커를 붙이세요.

참 잘했어요!

카

카

카

카

□ 드   하 모 니 □

□ 레   □ 메 라

50

'타'는 어떻게 쓸까요?

✳ '타'를 따라 쓰고, 빈칸에 알맞은 스티커를 붙이세요.

참 잘했어요!

타 타 타 타

타 타

낙 ⬜

⬜ 조

치 ⬜

⬜ 이 어

51

'파'는 어떻게 쓸까요?

✳ '파'를 따라 쓰고, 빈칸에 알맞은 스티커를 붙이세요.

참 잘했어요!

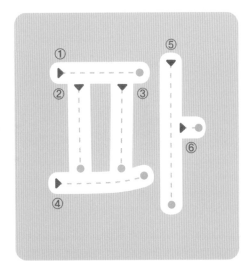

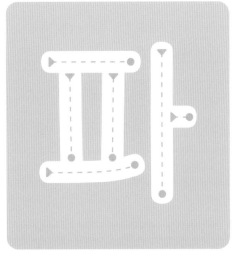

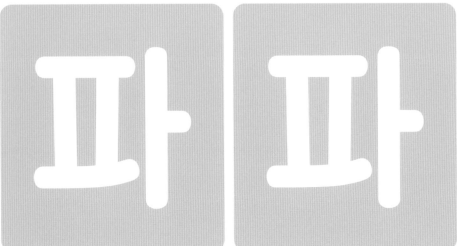

라 솔

도

인 애 플

'하'는 어떻게 쓸까요?

✳ '하'를 따라 쓰고, 빈칸에 알맞은 스티커를 붙이세요.

참 잘했어요!

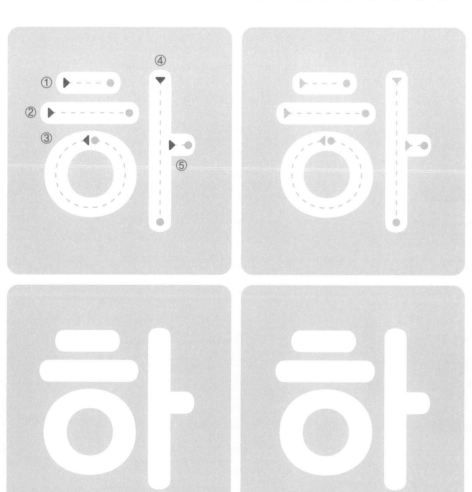

마

프

모 니 카

53

'파~하'를 배워요

✳ 그림의 이름에 공통으로 들어 있는 낱자를 □안에 쓰세요.

참 잘했어요!

파인애플　　　파라솔

하마　　　하모니카

54

'가~하'를 배워요

✳ '가~하'까지 순서대로 길을 찾아가세요.

참 잘했어요!

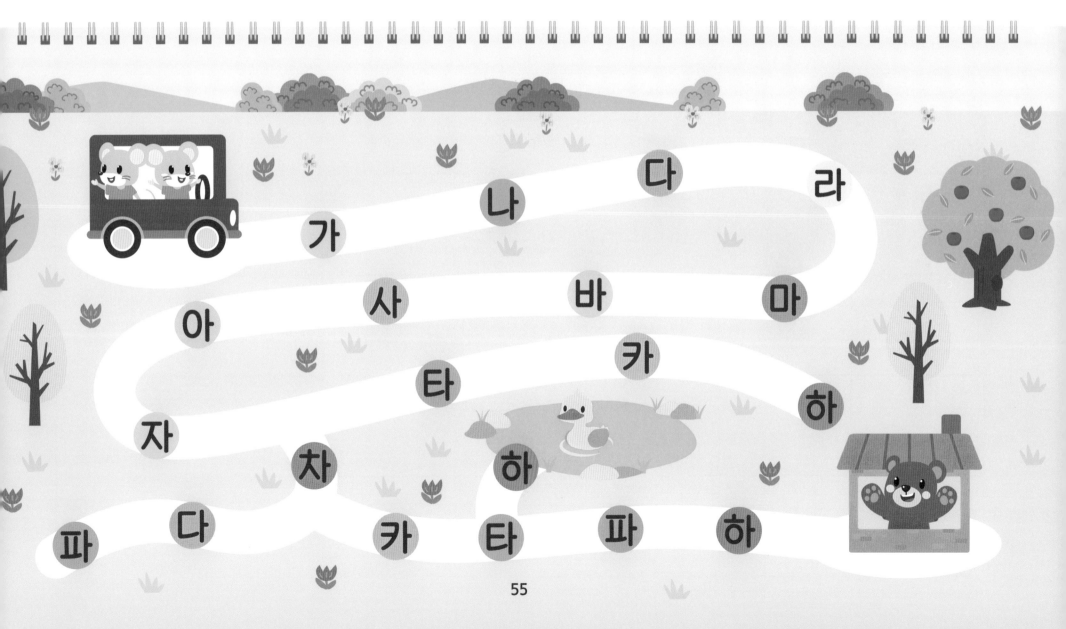

55

'가~사' 다지기

'가~사'를 배워요

✳ '가~사' 까지 예쁘게 쓰세요.

참 잘했어요!

가	나	다	라	마	바	사
가	나	다	라	마	바	사
가	나	다	라	마	바	사
가	나	다	라	마	바	사

'아~하' 다지기

'아~하'를 배워요

✳ '아~하' 까지 예쁘게 쓰세요.

참 잘했어요!

아	자	차	카	타	파	하
아	자	차	카	타	파	하
아	자	차	카	타	파	하
아	자	차	카	타	파	하

'거~허'를 배워요

✳ 열차에 쓰여 있는 글자를 읽고, 흐린 글자 위에 스티커를 붙이세요.

참 잘했어요!

거 너 더 러 머

버 서 어 저 처

커 터 퍼 허

58

'거' 익히기

'거'는 어떻게 쓸까요?

❋ '거'를 따라 쓰고, 그림을 보고 이름을 말해 보세요.

참 잘했어요!

거미

거북

거실

거울

'너'는 어떻게 쓸까요?

✳ '너'를 따라 쓰고, 그림을 보고 이름을 말해 보세요.

참 잘했어요!

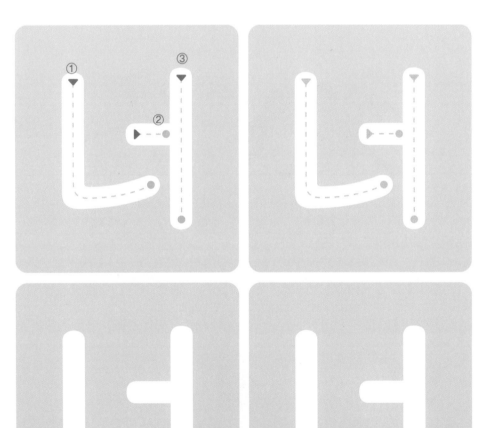

너트

너와집

너구리

60

'더'는 어떻게 쓸까요?

✳ '더'를 따라 쓰고, 빈칸에 알맞은 스티커를 붙이세요.

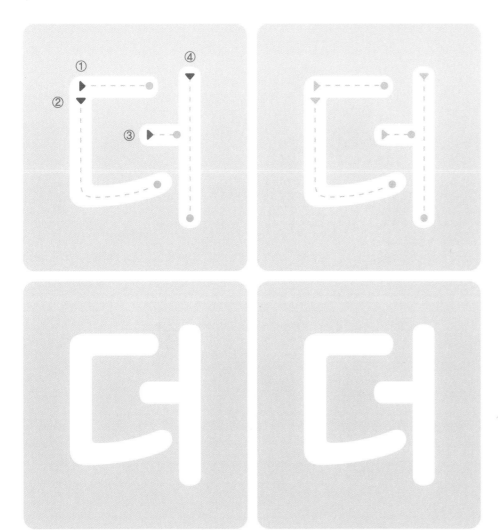

덕

위

듬이

두   지

61

‘러’는 어떻게 쓸까요?

✳ ‘러’를 따라 쓰고, 빈칸에 알맞은 스티커를 붙이세요.

참 잘했어요!

기 [ ] 기

롤 [ ]

[ ] 시 아

62

'머'는 어떻게 쓸까요?

✳ '머'를 따라 쓰고, 빈칸에 알맞은 스티커를 붙이세요.

참 잘했어요!

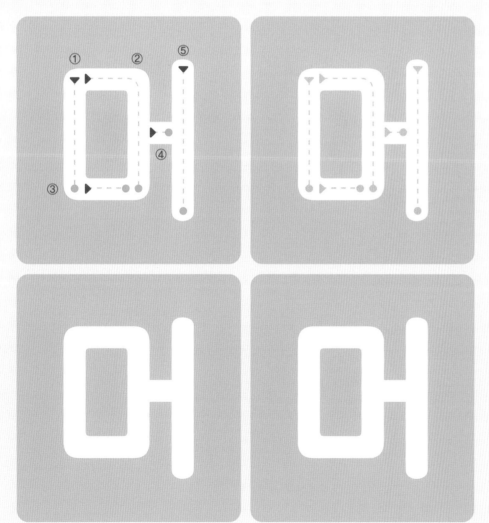

플러

루

핀

리 띠

63

'버'는 어떻게 쓸까요?

✱ '버'를 따라 쓰고, 빈칸에 알맞은 스티커를 붙이세요.

참 잘했어요!

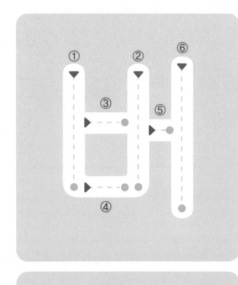

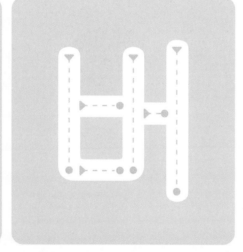

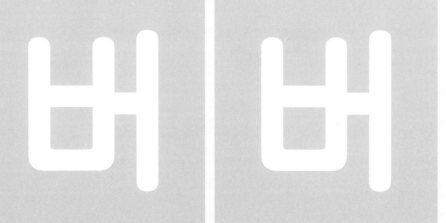

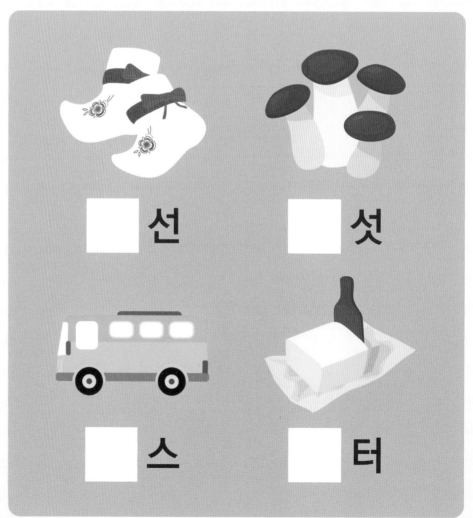

☐ 선 ☐ 섯

☐ 스 ☐ 터

64

'서'는 어떻게 쓸까요?

✱ '서'를 따라 쓰고, 빈칸에 알맞은 스티커를 붙이세요.

참 잘했어요!

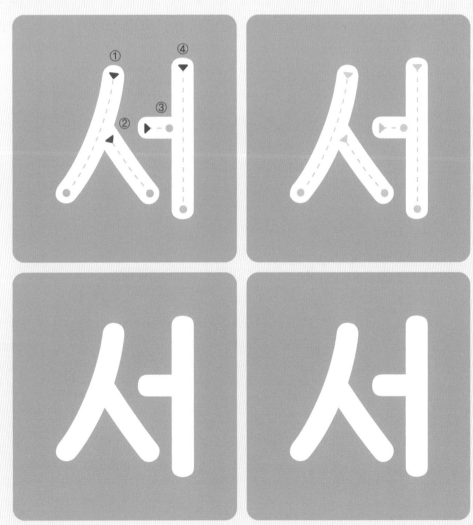

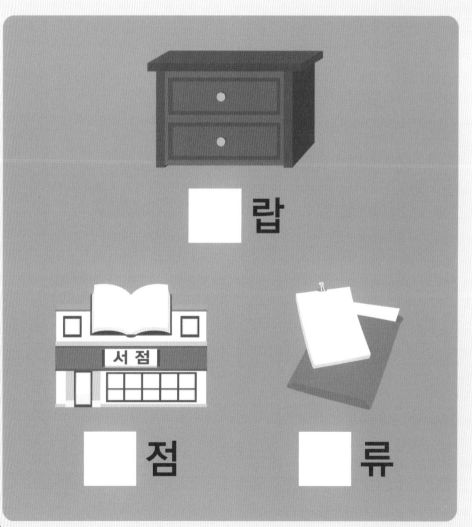

□ 랍

서 점

□ 점

□ 류

65

'어'는 어떻게 쓸까요?

❋ '어'를 따라 쓰고, 그림을 보고 이름을 말해 보세요.

참 잘했어요!

어

어

어

어

어항

어머니

어린이

66

'저'는 어떻게 쓸까요?

✱ '저'를 따라 쓰고, 그림을 보고 이름을 말해 보세요.

참 잘했어요!

저금통　　　수저

저고리　　　저울

67

'처'는 어떻게 쓸까요?

✳ '처'를 따라 쓰고, 그림을 보고 이름을 말해 보세요.

참 잘했어요!

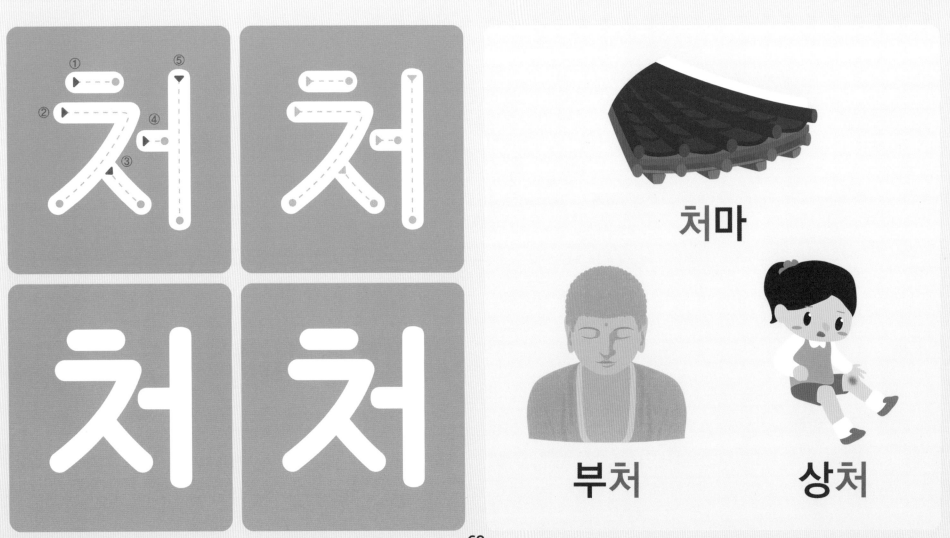

처마

부처

상처

'커'는 어떻게 쓸까요?

✳ '커'를 따라 쓰고, 그림을 보고 이름을 말해 보세요.

참 잘했어요!

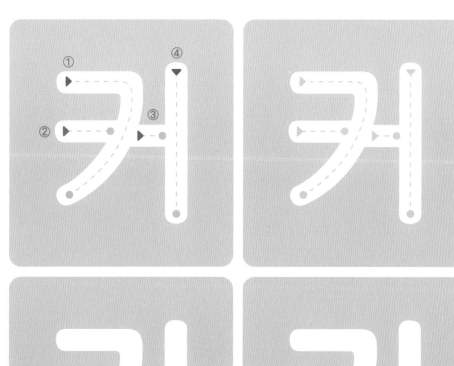

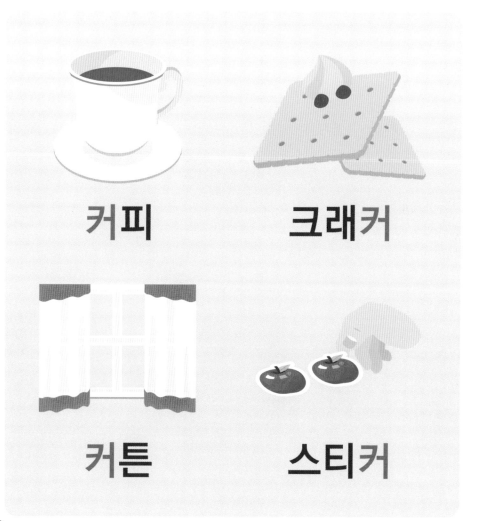

커피

크래커

커튼

스티커

69

'터'는 어떻게 쓸까요?

✳ '터'를 따라 쓰고, 빈칸에 알맞은 스티커를 붙이세요.

참 잘했어요!

버☐

☐ 널

컴 퓨 ☐

70

'퍼'는 어떻게 쓸까요?

❋ '퍼'를 따라 쓰고, 빈칸에 알맞은 스티커를 붙이세요.

참 잘했어요!

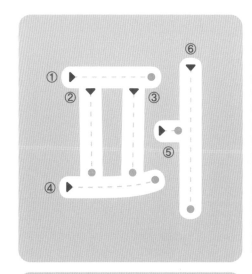

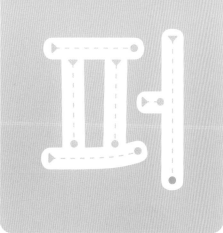

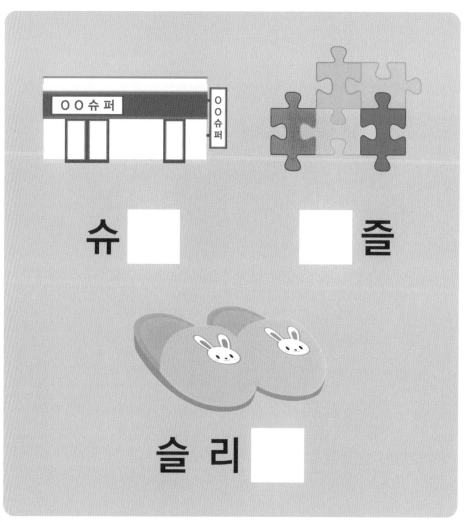

슈 ☐

☐ 즐

슬 리 ☐

71

'허'는 어떻게 쓸까요?

✳ '허'를 따라 쓰고, 빈칸에 알맞은 스티커를 붙이세요.

참 잘했어요!

□브

□리 □수아비

72

'퍼~허'를 배워요

'퍼~허' 익히기

✳ 그림의 이름에 빠진 낱자를 찾아 ○ 하세요.

참 잘했어요!

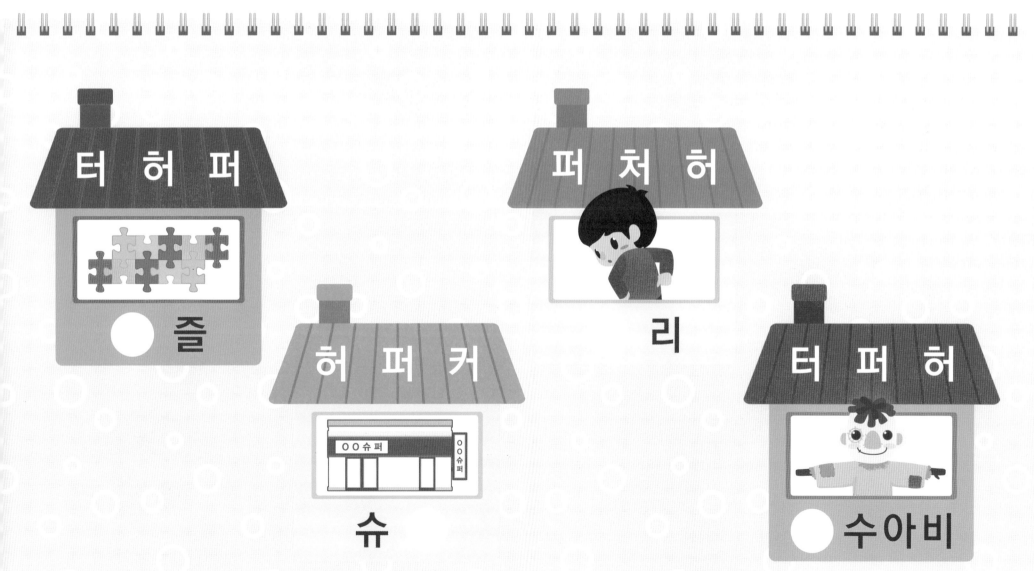

터 허 퍼
○ 즐

허 퍼 커
슈

퍼 처 허
리

터 퍼 허
○ 수아비

'거~허'를 배워요

✼ '거~허'까지 순서대로 길을 찾아가세요.

참 잘했어요!

74

'거~서'를 배워요

※ '거~서' 까지 예쁘게 쓰세요.

참 잘했어요!

거	너	더	러	머	버	서
거	너	더	러	머	버	서
거	너	더	러	머	버	서
거	너	더	러	머	버	서

'어~허' 다지기

'어~허'를 배워요

✳ '어~허' 까지 예쁘게 쓰세요.

참 잘했어요!

어	저	처	커	터	퍼	허
어	저	처	커	터	퍼	허
어	저	처	커	터	퍼	허
어	저	처	커	터	퍼	허

입학 전 한글떼기 `4·5세`

❋ 1P
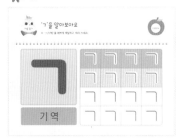

❋ 2P
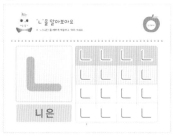

❋ 3P

❋ 4P

❋ 5P

❋ 6P
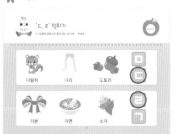

❋ 7P

❋ 8P

❋ 9P

❋ 10P

❋ 11P

❋ 12P

❋ 13P

❋ 14P

❋ 15P

❋ 16P
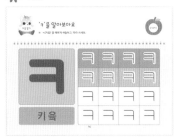

❋ 17P
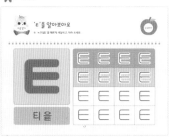

❋ 18P

❋ 19P
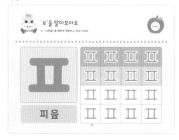

❋ 20P
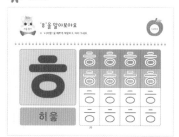

한글떼기 4·5세

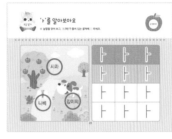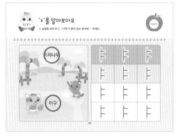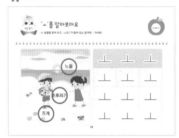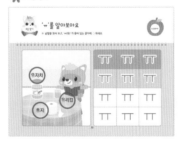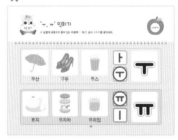

입학전 한글떼기 4·5세

🌸 41P

'나'는 어떻게 쓸까요?

나 나
나 나
나무 나비
나루터 나사

🌸 42P

'다'는 어떻게 쓸까요?

다 다
다 다
다리 다람쥐
다리미 다슬기

🌸 43P

'라'는 어떻게 쓸까요?

라 라
라 라
라디오 라면
소라 라일락

🌸 44P
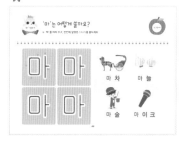
'마'는 어떻게 쓸까요?

마 마
마 마
마차 마늘
마술 마이크

🌸 45P

'바'는 어떻게 쓸까요?

바 바
바 바
바구니 바다
바위 바나나

🌸 46P

'사'는 어떻게 쓸까요?

사 사
사 사
사과 사다리
사슴 사자

🌸 47P

'아'는 어떻게 쓸까요?

아 아
아 아
아이스크림 피아노
아기 아빠

🌸 48P

'자'는 어떻게 쓸까요?

자 자
자 자
자동차 자두
자전거 모자

🌸 49P

'차'는 어떻게 쓸까요?

차 차
차 차

🌸 50P

'카'는 어떻게 쓸까요?

카 카
카 카
카드 하모니카
카레 카메라

🌸 51P

'타'는 어떻게 쓸까요?

타 타
타 타
낙타 타조
치타 타이어

🌸 52P

'파'는 어떻게 쓸까요?

파 파
파 파
파도
파라솔
파인애플

🌸 53P

'하'는 어떻게 쓸까요?

하 하
하 하
하마 하프
하모니카

🌸 54P

'파~하'를 배웠어요

파인애플 파라솔 | 파
하마 하모니카 | 하

🌸 55P

'가~하'를 배웠어요

🌸 56P

'가~사'를 배웠어요

가	나	다	라	마	바	사
가	나			마		바
가	나	다	라	마	바	사
가	나	다	라	마	바	사
가	나	다	라	마	바	사

🌸 57P

'아~하'를 배웠어요

아	자	차	카	타	파	하
아	자	차	카	타	파	하
아	자	차	카	타	파	하
아	자	차	카	타	파	하

🌸 58P
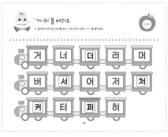
'거~허'를 배웠어요

거	너	더	러	머
버	서	어	저	처
커	터	퍼	허	

🌸 59P

'거'는 어떻게 쓸까요?

거 거
거 거
거미 거북
거실 거울

🌸 60P

'너'는 어떻게 쓸까요?

너 너
너 너
너트
너와집
너구리

입학 전 한글떼기 **4·5세**

✹ 6IP

✹ 62P

✹ 63P

✹ 64P

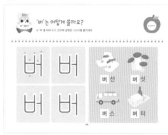

✹ 65P

✹ 66P

✹ 67P

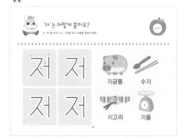

✹ 68P

✹ 69P

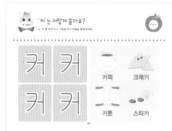

✹ 70P

✹ 7IP

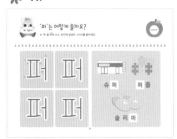

✹ 72P

✹ 73P

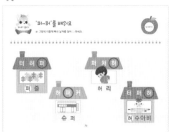

✹ 74P

✹ 75P

✹ 76P

디귿	니은	기역
비읍	미음	리을

지읒	이응	시옷
티읕	키읔	치읓

아	히읗	피읖
여	어	야

오 유 오

이 이 유

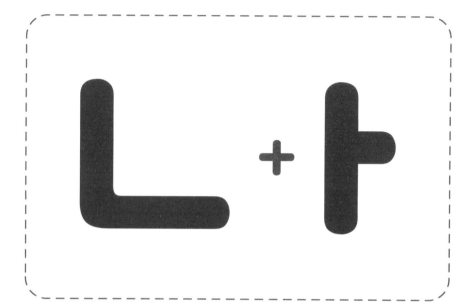

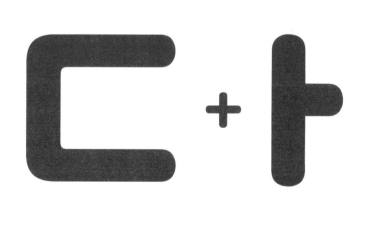

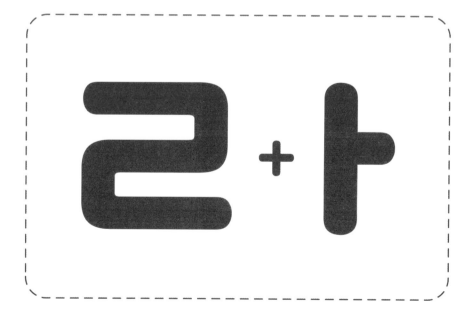

나

가

라

다

ㅁ+ㅏ

ㅂ+ㅏ

ㅅ+ㅏ

ㅇ+ㅏ

바

마

아

사

ㅈ + ㅏ

ㅊ + ㅏ

ㅋ + ㅏ

ㅌ + ㅏ

차

자

타

카

하

파